青少年环境与科学知识读本

海平面在上升

洪水、气候变化下的未来

〔加〕凯尔蒂·托马斯（Keltie Thomas） 著　　吴健 译

 中国轻工业出版社

海平面在上升

洪水、气候变化下的未来

[加] 凯尔蒂·托马斯（Keltie Thomas） 著

吴 健 译

图书在版编目（CIP）数据

海平面在上升：洪水、气候变化下的未来 /（加）
凯尔蒂·托马斯（Keltie Thomas）著；吴健译 . 一 北
京：中国轻工业出版社，2024.5
ISBN 978-7-5184-4629-2

Ⅰ.①海… Ⅱ.①凯… ②吴… Ⅲ.①海平面变化—
青少年读物 Ⅳ.① P542-49

中国国家版本馆 CIP 数据核字（2023）第 215321 号

审 图 号：GS京（2024）0759 号

责任编辑：江 娟　　封面插画：王超男

文字编辑：杨 璐　　责任终审：劳国强　　设计制作：锋尚设计

策划编辑：江 娟　　责任校对：朱燕春　　责任监印：张京华

出版发行：中国轻工业出版社（北京鲁谷东街5号，邮编：100040）

印　　刷：鸿博昊天科技有限公司

经　　销：各地新华书店

版　　次：2024年5月第1版第1次印刷

开　　本：889×1194　1/16　印张：3.75

字　　数：30千字

书　　号：ISBN 978-7-5184-4629-2　定价：38.00元

邮购电话：010-85119873

发行电话：010-85119832　010-85119912

网　　址：http://www.chlip.com.cn

Email：club@chlip.com.cn

目　录

海平面 ⌐不断上升⌐

众所周知，我们所处的星球被称为"地球"，地球是我们在广袤宇宙中的唯一家园，有2/3以上没于水中，因此更适合被称作"水球"。水乃解渴之物，是所有生物赖以生存的基础，并以其"神工鬼斧"雕刻出地球上的沟沟壑壑。

气候是一个地区大气的多年平均状况，如冬季寒冷多雪。而天气描述的是大气环境中即时出现的情况，如气温、降水、风等。

水——自然雕刻家

河流溪水始于高山，顺流而下，刻出道道沟壑与河谷。在冰河时期，气温骤降，水流冻结，变为大片冰层，称为冰川。

冰川蔓延，在陆地上移动，裹挟着石块与土壤，沿途刻于地面，凿出坑洞。而后气温上升，冰川融化，石块泥土或堆或叠。融化的冰水填满坑洞，浅的成为池塘，深的便是湖泊。

更大更深的是海洋。大海浩瀚，滚滚而来，不断冲刷着海岸，雕刻着海岸线。倘若全球气温上升，便会带来气候变化，海平面也会随之上升。海水流向内陆更深处，地球的面貌也因此改变。

如今处于全球变暖的时代。自1880年以来，全球海平面平均高度上升了大约20厘米，并依旧保持上升之势。科学家们认为，大约80年后，或等你的孙辈长大成人时，海平面可能会上升2.5米甚至更高。

海平面上升会导致什么

海水不断进军内陆，淹没了大片沿海地区。如今许多沿海地区人口过度饱和，约有1亿人生活在满潮时离水不到0.9米的地方，另外1亿人可能在风暴来临时受到潮水的侵害。

新奥尔良（New Orleans，美国）
人口数：391 495

格陵兰岛，努克（Nuuk，Greenland，丹麦）　人口数：17 600

迈阿密海滩（Miami Beach，美国）
人口数：91 917

纽约市，曼哈顿下城（Lower Manhattan，New York，美国）　人口数：49 000

沿海居民，处境艰难

海平面不断上升，意味着数百万居住在沿海地区的百姓将无家可归。不仅如此，海水还将淹没农田，渗入河流和地下水，破坏全世界人民赖以为生的食物和水源。无家可归的人将流落何方？去哪里补充失去的水和食物？我们又为何会陷入这种混乱之中？

危险地带的国家

海平面上升对哪些国家影响最大？全球气温从上升2℃到上升4℃时，以下几个国家中生活在预测海平面以下的人口数最多。

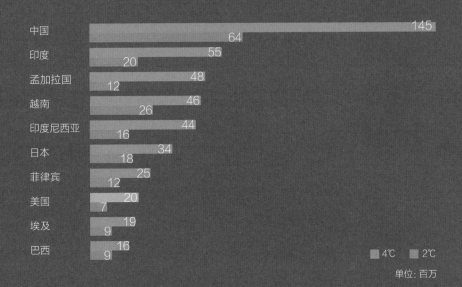

国家	4℃	2℃
中国	145	64
印度	55	20
孟加拉国	48	12
越南	46	26
印度尼西亚	44	16
日本	34	18
菲律宾	25	12
美国	20	7
埃及	19	9
巴西	16	9

■ 4℃　■ 2℃

单位：百万

海平面为何会上升

"我身体不太舒服，发烧到39℃！"

医生，问题出在哪

是这样的！汽车和工厂需要能源，生活需要暖气，世界需要光亮，于是我们燃烧石油、天然气和煤炭，这一过程排放了大量的二氧化碳。

随着碳排放的增加，会形成温室效应，地球也越来越热。久而久之，气候便会发生变化。

我们排放的二氧化碳在大气中筑起一道薄墙，吸收来自太阳的热量。

人类不断繁衍。如今地球上已有73亿人口，到2050年预计会增加到97亿，2100年将达到112亿。想想到时候会排放多少二氧化碳啊！

为什么气温上升=海平面上升

1 水受热后会膨胀，因此水位会上升。

全球气温每上升1℃，海水膨胀后水位就会攀升0.4米，如果你母亲是中等身材，那么水位上升的高度差不多能够着她的膝盖骨了。

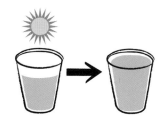

2 冰川融化，海水上涨。

科学家们认为，如果世界上所有的冰川完全融化，海平面将上升约0.6米，大约相当于一只德国牧羊犬的高度。

3 格陵兰岛和南极洲的冰盖融化，使海水上涨。

科学家们认为，如果格陵兰岛的冰盖完全融化，海平面将上升6米，大约是NBA球员平均身高的3倍。

如果南极洲的冰盖完全融化，海平面则将上升55~60米，几乎比自由女神像高出整整一个头和肩膀。

海平面上升的速度有多快

这个问题很关键。事实上，一些科学家称之为"关乎万亿美元的问题"。自1880年以来，海平面上升了大约20厘米。过去的20年里，海平面上升的速度几乎翻了一番，科学家预计这一数值还会继续上升。那么未来海平面上升的速度究竟会如何变化？

缓慢又稳定？如果海平面每100年上升0.3～0.6米，沿海城镇居民就有充分的时间去适应。

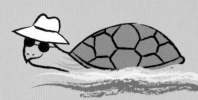

还是会……加速上升？如果海平面每10年上升3米，沿海城镇居民就不得不迁居别处。不仅会有数百万人流离失所，政府也可能因此损失数万亿美元。

而确切答案……无人可知。海平面上升的速度取决于格陵兰岛和南极洲冰盖融化的速度。世界各地的科学家们都在努力解决这一神秘的谜题（见后文）。

如果停止排放二氧化碳会如何

即便如此，地球的平均温度和海平面都将继续上升。二氧化碳一经排放，就会存在数百甚至数千年，其影响不断累积。换言之，大气中的二氧化碳不论总量多少，都将长期暖化地球。假设现有的二氧化碳已使大气温度上升2℃，即使以后不再排放二氧化碳，现有的二氧化碳依旧可能使气温再升高2℃。

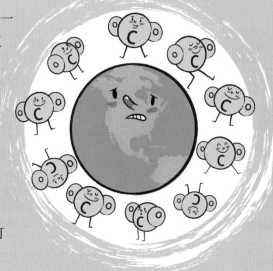

地球人该如何应对

人类过去的几乎所有行为对于阻止海平面上升都于事无补。据科学家所言，我们已经进入了"人类世[①]"，这是人类历史上前所未有的新时代，人类活动成为影响地球环境和气候的主要力量。

自食其果

不管这话你是否爱听，人类确实是海平面上升最直接的受害者。世界上有数亿人居住在沿海地区，大约有136个沿海城市的人口超过100万，其中至少15个城市的人口超1000万。而这些沿海地区也正位于"洪水水位线[②]"以下。

如果海平面上升6米，
图中淡蓝色区域均会被水淹没。

---

① "人类世"是指地球的最近代历史，并没有准确的开始年份。对于是否需要在全新世之后划分出专门的"人类世"，尽管众声喧哗，但事关重大，地质学家们目前还尚未有定论。——译者注

② 洪水水位线即洪水来时的水位线，处于线下的地区会被洪水覆盖。——译者注

危在旦夕的国家

地球上还有一些地势较低的岛国，海平面上升可能将它们从地球表面完全抹去。如果这些国家完全消失，那里的百姓要到哪里去避难？哪些国家负责给他们提供住所、护照和其他公民权利？他们又要到哪里去寻找生存所需的食物和水？以上都是世界各国和国际组织正在努力解决的问题，但都不是一朝一夕便可解决的。

未来掌握在我们手中

既然我们的行为会导致海平面上升，引发气候变化，那我们也完全可以控制水位和气温上升的幅度。换言之，我们的所作所为，不论是增加还是减少碳排放，都可以决定地球的未来。为此我们已经开始采取许多措施。2015年，世界各国达成一致，通过减少碳排放使全球变暖的幅度低于2℃。各地沿海城市和沿海社区也在制定地方政策，积极应对海平面上升问题。

你的计划是什么

面对海平面上升，沿海社区可以采取以下策略，为未来做好准备：

阻（阻止）：建造防洪墙、防洪堤和其他防洪结构阻止海水侵入。

适（适应）：抬高建筑物、道路和其他城市结构来适应海平面上升。

迁（搬迁）：迁居到地势更高的地方，远离上涨的海水。

快进到2100年

如今气温和水位不断上升，在你的有生之年甚至无穷的未来，它们将如何改变地球的面貌？有哪些国家、城市和社区处于"洪水水位线"以下，其中的百姓又有什么应对计划？请看下面这张地图。欲知科学家如何预测它们的未来，且往后细读本书。

图例：
- 地势较低的岛屿
- 地势较低的海岸
- ～ 三角洲（河流与海洋的交汇处）
- 冰盖

迈阿密海滩

风暴中心①

欢迎来到海平面上升的"风暴中心"，也就是人们所说的美国南佛罗里达。没有哪个城市比迈阿密海滩更危险了，此地的海水除了慢慢涌上海岸外，还会从地面喷涌而出。这张插图展示了未来海平面上升后迈阿密海滩的骇人景象。

① 原文为ground zero，通常特指美国"911事件"后纽约世贸中心的遗址，此处泛指发生灾难的地点，因此意译为海平面上升的"风暴中心"。——译者注

关于……

迈阿密海滩

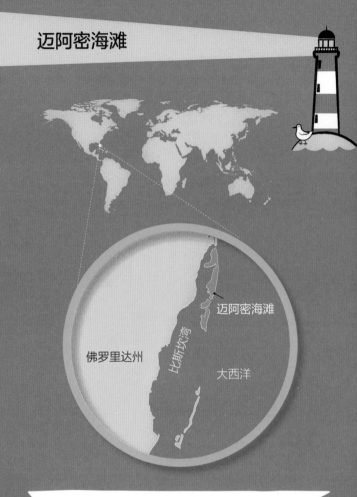

佛罗里达州　比斯坎湾　迈阿密海滩　大西洋

迈阿密海滩地处宽1.6千米
的堰洲岛之上，位于美国佛罗里达州南部海岸，
比斯坎湾与大西洋分列两侧。

位置：南佛罗里达。

人口：91 917人。

面积：20平方千米。

海拔：大部分地区位于海平面以上0.6米处。

到2100年，海平面上升可能会影响：迈阿密——戴德县近200万人。

应对计划[1]："阻"和"适"。被淹后的迈阿密海滩特色：迈阿密市长拍摄了一则电视广告，广告中的他划着皮划艇穿梭在被雨水淹没的城市街道上。

① "阻""适"的含义见11页，后文同。——译者注

⚓ 现在

哪里能看到鱼儿在街上游动

答案是迈阿密市的海滩。最近的一项研究表明，自2006年以来，美国佛罗里达州南部的海平面高度一直在上升，洪水袭击的次数也急剧上升。事实上，这里海平面上升的速度是全球平均水平的10倍。南佛罗里达地区的建筑材料多为石灰岩，石灰岩上满是洞，就像瑞士奶酪一样。每当海水涌入时，水和鱼便会透过洞眼浮到街面上。因此即便建造堤坝或是荷兰那样的海堤也无法阻挡海水，海水依旧会从地面喷涌出来。

▶▶ 快进到未来

如果不对碳排放加以控制，再过80年，甚至无需80年，海水就将把迈阿密海滩和美国南佛罗里达大部分地区淹没。即使大幅削减碳排放，以上大部分地区仍将被洪水淹没。对此，当地市民忧心忡忡，正尽最大努力寻求解决方案。当地政府抬高路面，以求在涨潮时不被水淹没，并加高防洪堤，加固防洪沙丘，增设能像海绵那样固碳吸水的植被，还安装了巨大的地下水泵，可吸取街上积水泵入比斯坎湾。但面对飓风"艾玛"（Hurricane Irma）造成的巨大洪水，水泵依旧作用有限（见下文）。

施工中的城市：迈阿密海滩政府将路面抬高，以求道路不被水淹没。

数百万年前，地球比现在热得多，全球平均海平面也比现在高得多。当时佛罗里达州所处陆地完全被水淹没。

飓风"艾玛"大破坏

2017年，飓风"艾玛"酝酿于大西洋上空，宽度超过644千米，风速高达298千米每小时，是记录中最强劲的大西洋风暴。飓风"艾玛"席卷加勒比地区，房屋被摧毁，车辆翻飞，数人不幸身亡。美国佛罗里达州政府官员当即下令撤离佛罗里达群岛、迈阿密海滩和其他沿海地区的居民。此外，飓风"艾玛"还置佛罗里达州于狂风、暴雨和风暴潮之中，摧毁了佛罗里达群岛大片房屋，淹没了迈阿密海滩和其他沿海城市，切断了680多万居民的电力供应。科学家们预计，日后全球气温上升，将会有更多诸如此类的巨型风暴。

怪物吞噬中……

新奥尔良

有"怪物"正在吞噬美国路易斯安那州南部的新奥尔良。与2005年飓风"卡特里娜"（Katrina）摧毁新奥尔良有所不同，这次是上升的海平面。每过一小时，洪水就会蚕食一片足球场大小的土地。根据科学家所述，我们目前没有任何办法可以阻止这一切，最终整个路易斯安那州东南海岸都会被水淹没。

关于……
新奥尔良

位置：位于墨西哥湾的路易斯安那州海岸。

人口：391 495人。

面积：439平方千米。

海拔：路面最低点位于海平面以下2.4米。

到2100年，海平面上升可能会影响：整个城市的人口。

应对计划："阻"、"适"和"迁"①。

无价之宝：拥有美国最大的城市野生动物保护区，美洲鳄、白尾鹿等动物在此出没，约有3万只水鸟在此落脚。

新奥尔良位于路易斯安那州海岸。路易斯安那州毗邻墨西哥湾，在地图上呈靴子型。

---

① "迁"含义见11页，下同。——译者注。

16

⚓ 现在

请注意！新奥尔良正在不断下沉，下沉速度比所有沿海大城市都要快，有些地区甚至每两年半就下沉2.54厘米。按照这个速度，到2100年预计将下沉近1米。然而这一切似乎还无法满足海水的血盆大口，这座城市仅剩一半土地高于当前的海平面，另一半早已深埋水下。研究人员将以上数据输入程序中，绘制出该地区2100年的景象，那时整个新奥尔良乃至"靴子"似的路易斯安那州都将被淹没在水下。事实上，如今大海已经吞噬了大片土地，路易斯安那州早已不再形同靴子。

⏩ 快进到未来

新奥尔良不会不战而降。为了保护危在旦夕的海岸线，路易斯安那州制定了一套计划，重建防洪堤和泵站，让岛屿回归天然海堤，将湿地作为海水的"减速带"。该计划还包括抬高城市建筑，提高防洪性能，指引居民搬迁到地势较高的地方。尽管如此，随着科学家们对海平面上升有了更多了解和把握，计划仍需要定期修订。一旦不慎误判"高水位线①"，海水就有可能没过堤坝汹涌而至。

2005年，随着飓风"卡特里娜"的降临，海水淹没了新奥尔良80%的地区。随着海平面的上升，划船出行会成为日常吗？

🐟 老生常谈的下沉之谜 🐟

为什么，到底为什么，新奥尔良会不断下沉？新奥尔良位于密西西比河的入海口，很久以前，密西西比河奔腾至此，其中的沙子、淤泥、黏土一起筑起这片土地。附近沼泽中植物和树木的落叶零落成泥，帮助土壤成形。1927年洪水成灾，人们为了保护城市以北地区，修建了防洪堤。堤坝阻拦了沙子、淤泥和黏土。排水装置又将土壤中的水抽走，其中便只剩下空气。死去的植物腐烂后，土壤便会下沉。没有新的沙子、淤泥和黏土进行补充，加上修建运河，土地更是进一步下沉。即便密西西比河日后重新开始输送沙子、淤泥和黏土，也无法将那不断上升的海水填平了。

---

① 高水位线是指涨潮时海平面的最高高度，了解高水位线有助于防范洪水。

纽约市

是否把纽约市涂成蓝色

若如插画所示，纽约港的海水不断上升，自由女神像还能自保脚趾吗？如果纽约证券交易所附近的海水不断上涨，华尔街铜牛还能保全自身吗？这些雕像是否还能继续代表纽约人的希望和梦想，还是象征着这座城市没入水中的命运？

关于……

纽约市

哈得逊湾

纽约

大西洋

位置：美国东海岸。

人口：8 550 405人。

面积：784平方千米。

海拔：部分地区仅高出海平面1.5米；其余地区海拔为0。

到2100年，海平面上升可能会影响：40万人。

应对计划："阻"和"适"。

随着海平面上升，"大苹果城①"也能洗一场冷水浴。"大苹果城"纽约市是美国海岸线最长的城市。

曼哈顿是纽约市人口最密集的地区，与不断上涨的海水之间了无阻隔。

---

① 大苹果城（the Big Apple）即纽约市，从前有个爵士乐手唱了一首歌：成功树上苹果何其多，但如果你挑中纽约市，你就挑到了最大的苹果！之后纽约市区内出现一个极受欢迎的爵士俱乐部叫The Big Apple，所以称纽约市为大苹果城。

⚓ 现在

　　自由女神的脚趾位于港口上方47米处，即使到2100年，海水也不太可能
涨得如此之高。但华尔街铜牛就没有这么幸运了，铜牛处在曼哈顿下城
海岸附近，除非它法力无边能把海水震退，否则一旦海水来临它便是首
当其冲。纽约市海水上涨的速度是全球平均水平的2倍。为何会如此？
科学家认为有两大原因。一是洋流的变化。洋流汇集数吨海水涌上纽约
海岸，造成海水上涨。二是城市的下沉。在上一个冰河时期，冰川对附
近的土地挤压严重，于是包括如今纽约在内的周边土地悉数隆起。冰川
融化后，隆起的土地便随之不断下沉，目前还未有停止之势。

▶▶ 快进到未来

一米、两米……无论2100年甚至更远的未来全球海平面会上升多少，美国纽约市的水位肯定会不断上涨。为此，该市正在采取措施提前做好准备。2008年，时任市长的迈克尔·布隆伯格（Michael Bloomberg）召集了一众科学家和城市规划人员。科学家负责预测当地海平面的上升情况，城市规划人员则负责构想如何保护当地建筑，以适应海平面上升，如建造海堤、调整建筑规范规则、抬高重要建筑和恢复湿地缓冲海水等。然而，如果碳排放量继续以目前的速度增长，除华尔街铜牛的尾巴尖之外，纽约市大部分沿海地区最终会被水淹没（如右图所示）。

海平面再这样上升下去，华尔街铜牛也会需要潜水装备吧？

飓风"桑迪"的超强风力之下，海平面大幅上涨，曼哈顿的所有社区陷入混乱。

2012年飓风"桑迪"（Hurricane Sandy）袭击纽约时……

海水肆虐。4米高的海浪不断冲击着曼哈顿的海堤，蔓延到高速公路和城市街道上。海水淹没了公路、隧道、地铁站，华尔街的电力系统也陷入瘫痪。事实上，洪水还摧毁了曼哈顿部分地区的供电设备。由此，纽约人彻底明白了海平面上升对城市影响巨大，并加快了防治的脚步。正如时任市长的迈克尔·布隆伯格所言："我们不能，也决不会弃我们的海滨于不顾。"

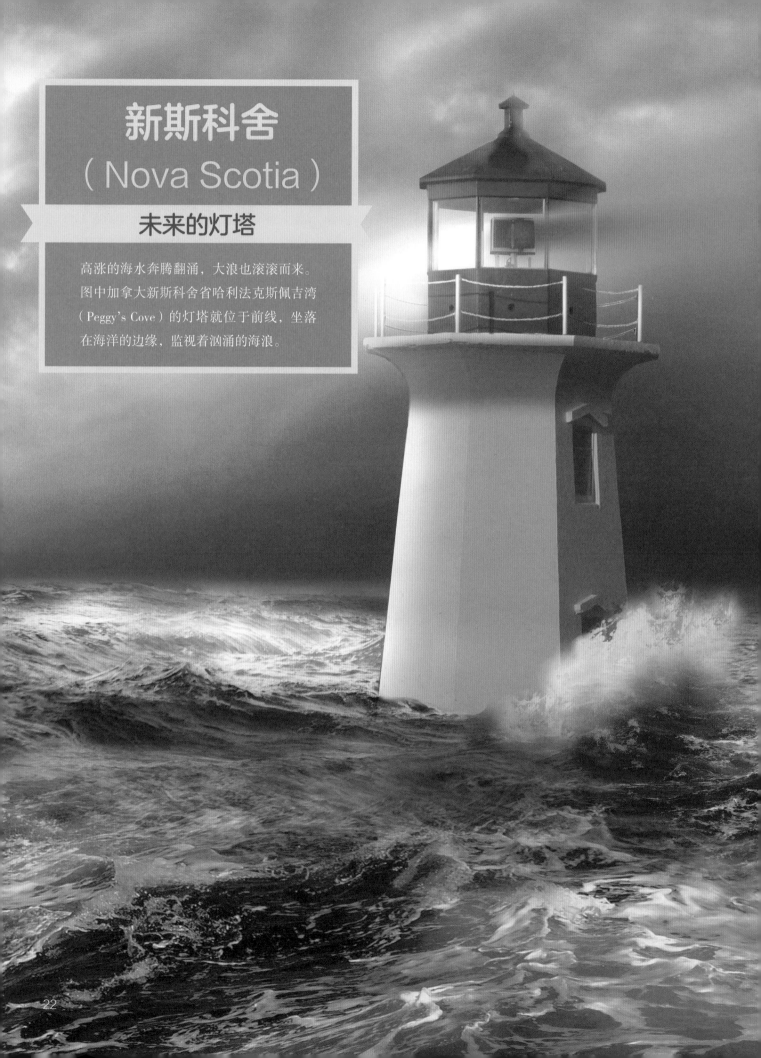

新斯科舍
（Nova Scotia）

未来的灯塔

高涨的海水奔腾翻涌，大浪也滚滚而来。图中加拿大新斯科舍省哈利法克斯佩吉湾（Peggy's Cove）的灯塔就位于前线，坐落在海洋的边缘，监视着汹涌的海浪。

新斯科舍

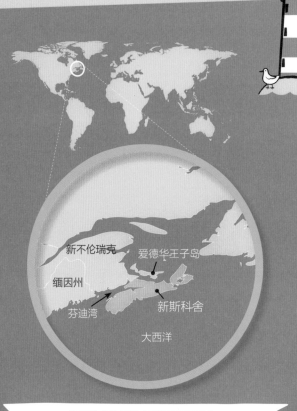

新不伦瑞克
爱德华王子岛
缅因州
芬迪湾
新斯科舍
大西洋

新斯科舍几乎被大西洋重重包围，
无论你身在何处，都不会离大海太远。

位置：加拿大东海岸，靠近大西洋。

人口：943 002人。

面积：53 338平方千米。

海拔：与大西洋海平面一致。

到2100年，海平面上升可能会影响：超过660 100人。

应对计划："阻"、"适"和"迁"。

新斯科舍特色：芬迪湾曾经由于强风、异常低气压及春潮等因素，迎来21.6米高的巨型潮水，并因此创下世界纪录。

⚓ 现在

新斯科舍前景堪忧，东海岸面向公海，迎面就是那上涨的海水。不像其他海湾的沿海地区，这里没有抵御海水的天然屏障，海水肆意地冲刷着海岸。事实上，新斯科舍省的海水上升速度是全球平均水平的两倍。自1920年以来水位已上升了约30厘米。如果站在岸上，这上涨的幅度相当于水从你的脚趾漫过脚踝，几乎漫到你的膝盖以上。科学家们预测到2100年，海水还会再上升70～140厘米，这意味着水会顺着你的腿，淹没你的臀部，涨到你的肚脐，甚至可能漫过你的头顶！

1998年高潮位

1973年高潮位

海平面上升是否真的铁证如山？新斯科舍省路易斯堡一座城堡的石墙上留有18世纪40年代的铁环，用以拴系船只，其高度代表当时的高潮位，比现在相比几乎低了50厘米。

海平面跃升

"海水不会骤然上涨。"说这话的人可能会被现实狠狠敲打。2009年，北美东海岸的海平面骤然上升。美国纽约与加拿大纽芬兰之间水位上升了超过10厘米；在加拿大新斯科舍省的哈利法克斯，海平面跃升11厘米，一年多来丝毫未降。这是怎么回事？研究人员发现，负责运送该海域海水的墨西哥湾暖流流势减弱，海平面因此上升。科学家们认为，随着地球变暖，这种情况会日渐频繁。由此可以预见未来海平面可能会再次因跃升而引发不小轰动。

▶▶ 快进到未来

海水上涨，不断拍打着海岸，面对此情此景当地人能做些什么？加拿大新斯科舍省人深知不能再坐以待毙，海水不断上涨，人类赖以生存的土地也在不断下沉，加剧了海平面上升的局面。更重要的是，新斯科舍易受热带风暴影响，洪水可谓是当地常客。而随着海水上涨，风暴潮与洪水则会更加肆虐，势力不断向内陆扩展。新斯科舍大部分城镇都处在沿海地带，当前处境已是火烧眉毛。所以新斯科舍政府正致力于减少碳排放，加固海堤，并通过立法规定新造的建筑必须远离海岸，建造在高水位线以上。

伦诺克斯岛
（Lennox Island）
淹没

加拿大的伦诺克斯岛被淹已不再是什么秘密。曾有一位长者询问当地的米克马克人①，25～50年后这座岛将会变成什么，一个小孩尖声答道："一座没有目的地的桥。"那孩子指的是伦诺克斯岛大桥，到时候伦诺克斯岛大桥的两端都淹没于水中，也就没有了目的地。

⚓ 现在

在加拿大爱德华王子岛随处可见海平面上升的迹象，没有人比伦诺克斯岛的原住民更清楚，他们居住于此，几千年来世代远离加拿大内陆。过去人们打棒球的场地现在成为鱼儿的泳池。每年，海水吞没大片的红沙滩，还会吐出一些古器，如米克马克人祖先制造的长矛、箭头和石器。自1816年以来，大海已吞没大约300个足球场大小的土地，一步步向内陆的房屋逼近，以至于一些房主开玩笑说，很快白天可以用潜水代替开车，夜晚可以穿着救生衣睡觉了。但他们也并非把海平面上升一事当作单纯的笑料谈资，也没有坐享其成地指望别人减少碳排放来阻止海平面上升，他们也付出了自己的努力。

居民们用岩石加固伦诺克斯岛部分地区的海岸线。海平面上升后海水不断侵蚀海岸，威胁着米克马克人的生活，在过去50年里，当地的陆地面积已大幅减少。

---

① 米克马克人是加拿大东部沿海各省（新斯科舍省、新伯伦瑞克省、爱德华王子岛省）最大的印第安部落。——译者注

▶▶ 快进到未来

当地原住民第一民族[①]正在不断努力从海水手里拯救他们的过去，抢夺他们的未来。伦诺克斯岛由沙和砂岩构成，地势低洼，很容易被水淹没。为此，米克马克已着手进行一系列科学研究，测算海水淹没岛屿的时间与方位。结果预测到2065年，伦诺克斯岛半数土地会被淹没。当地人在此研究基础上对未来进行规划，例如加固先人的墓地，使其免受海水的威胁；在爱德华王子岛上购买土地，一旦伦诺克斯岛无法再继续生活时，就搬离那里。

玩克莱夫模拟游戏

"我家不见了！"人们在玩克莱夫模拟游戏[②]时可能会是这样的反应。这款视频游戏由实验室人员在爱德华王子岛米克马克联盟的助力之下研发而成，旨在让用户对未来有一个快速的了解。用户可以用电子游戏手柄在3D模拟的爱德华王子岛地形上飞行，探索30、60或90年后的水位上升情况。例如，游戏中显示海水可能会威胁到伦诺克斯岛的污水池，于是伦诺克斯岛的第一民族计划对该地点进行搬迁或加以保护。实验室开发人员使用无人机拍摄原住民社区，模拟海平面上升情况，帮助当地人民规划未来。

---

① 第一民族（First Nations），是加拿大的一个种族名称，与印第安人（Indian）同义，法律上"印第安"一词是生效的，但是在社会上该称呼被认为是对第一民族的冒犯。第一民族指的是现今加拿大境内的北美洲原住民及其子孙，但不包括因努伊特人和梅提斯人。——译者注

② 克莱夫模拟游戏（CLIVE），全称为"沿海未来可视化模拟"（Coastal Impacts Visualization Environment），译者采用音译与意译相结合的方法译成"克莱夫模拟游戏"。——译者注

关于……

伦诺克斯岛

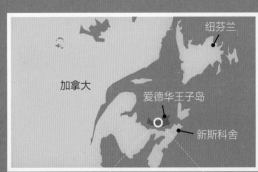

无论步行还是开车，伦诺克斯岛大桥都是从加拿大内陆进出伦诺克斯岛的唯一途径。

位置：加拿大爱德华王子岛海岸外的马尔佩克湾。

人口：约450人。

面积：12平方千米。

海拔：该岛平均海拔仅4米。

到2100年，海平面上升可能会影响：岛上的所有人口。

应对计划："阻"和"迁"。

无价之宝：一万年以来岛上原住民族制作了无数箭头和其他手工艺品。

格陵兰岛
(Greenland)

融化中

"绿岛" 格陵兰岛并不绿[1]。格陵兰岛上几乎没有森林和农田——巨大的冰盖覆盖了整个岛屿的4/5。公元980年左右，挪威探险家红胡子埃里克（Erik the Red）为了吸引定居者，给这个岛起了个名不副实的假名字。如今，格陵兰岛上的冰层吸引了许多科学家来此研究。

关于……
格陵兰岛

位置：位于北冰洋和大西洋之间。

人口：57 733人。

面积：2 166 086平方千米。

海拔：最低点位于大西洋，海拔高度为0。

到2100年，海平面上升可能会影响：人数未知

应对计划："适" 和 "迁"。

格陵兰岛特色：科学家们认为，1912年泰坦尼克号撞上的冰山是格陵兰岛雅各布港冰川脱落下来的一部分。

格陵兰岛位于北冰洋和大西洋之间。

---

[1] 格陵兰岛（Greenland），"格陵兰" 为green（绿色）的音译，按意思来，格陵兰岛可以称为绿岛。

格陵兰冰盖每年流失的水量足以填满1.1亿个奥运会标准规格的游泳池。

⚓ 现在

你能想象出面积几乎和墨西哥一样大的冰层吗？是不是难以置信？但格陵兰冰盖正是如此，而且它不像你的床单那么单薄，部分冰层厚度甚至达到3千米，相当于8座帝国大厦叠在一起。随着全球平均气温上升，冰盖正在不断融化。每年夏天，冰盖的边缘和顶部都会融化，顶部的融水渗入深深的裂缝，流到冰川底部，在冰层和基岩之间形成一层薄膜，科学家在研究这层薄膜是否会加速冰盖的滑动。而边缘的融水则直接流入大海，加快海平面上升。

▶▶ 快进到未来

想象一下2100年的格陵兰岛，仿佛一切都不太真切。好消息是，科学家们认为格陵兰岛的冰盖在我们有生之年不会融化，我们可以松一口气了。如果冰盖完全融化，海平面将上升近6米。科学家们目前对于冰盖融化的速度还不甚了解。不过科学家注意到，冰盖边缘冰川的融化速度前所未有。冰川融化后，破裂的冰山和融水便落入海中。同时冰川还会向内陆移动，露出深色的土壤和基岩。也就是说，未来格陵兰岛的冰盖可能会缩小，周围环绕一圈深色的无冰陆地。但这环形陆地到底会向内陆延伸多远，仍是科学家们亟待解决的谜题。

橡皮鸭，决定就是你了！

2008年，一名研究人员将90只橡皮鸭扔进格陵兰岛雅各布港冰川的深洞中。橡皮鸭能够漂浮在水中，是揭开冰川融化入海之谜的最佳帮手，至少研究人员是这么认为的。他在鸭子上贴上了自己的联系方式，无论是谁找到鸭子都可以跟他联系。他还安装了一个足球大小的探测器，用于追寻鸭子的踪迹，探寻冰川内部的情况。然而好景不长，探测器似乎被困在了冰中。目前有渔民报告说在附近的海湾发现了两只橡皮鸭，而其余的橡皮鸭仍然不知所踪。至此，冰川究竟如何融化入海仍然是一个深不可测的谜。

荷兰

（Netherlands）

独一无二的海洋战士

社区遭海水淹没，第一反应是该向谁求救？当然是"海洋战士"——荷兰人！荷兰人数百年来一直在与大海作战。

关于……

荷兰

位置：位于西欧，靠近北海。

人口：16 947 904人。

面积：33 893平方千米。

海拔：最低点为亚历山大王子圩[①]，位于海平面以下7米。

到2100年，海平面上升可能会影响：24 000人（在采取保障措施的情况下）。

应对计划："适"，也就是荷兰人口中的"预防"。

荷兰特色：荷兰梅斯兰特弧门挡潮闸和埃菲尔铁塔一样长，用以抵御潮水入侵。该闸可抵御重至35 000吨的潮水冲击力，相当于35 000名壮汉每人用100千克的力度进行推拉。

荷兰面朝北海，其首都阿姆斯特丹中有165条运河道。

[①] 亚历山大王子圩，荷兰西部的一个圩田，位于鹿特丹东北部。

 **现在**

荷兰因地势低洼而得名①。早在公元前500年时，荷兰人就沿着海岸修建了堤坝，或称长墙，来阻挡海水。如今，荷兰超过1/4的土地都位于海平面以下。如果没有堤坝，这里就将成为鱼儿的水下游乐场。此外，荷兰位于三条河流的交汇处，这更是大大增加了洪涝的风险。于是荷兰人修建起堤坝，这些堤坝阻挡起海水来非常有效，以至于许多居民完全忘记了洪水这回事。难怪世界各国都在呼吁荷兰人传授抗洪的秘籍。

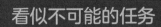 **看似不可能的任务**

如果让你建造一座沙堡来抵御大海的冲击，听起来似乎不太可能吧？然而，荷兰的一场比赛中6～11岁孩子们就面临着这样的挑战。他们认真学习建造沙堡来抵抗洪水，有鱼一样的沙堡，带沟渠的沙堡，还有像迷宫一样的沙堡。比赛过程中堤坝建造专家、工程师和水利人员等随时为他们提供帮助。一旦开始涨潮，便是孩子们接受考验的时刻。究竟谁的沙堡能坚持到最后呢？

快进到未来

想象一下如果荷兰完全不采取任何防洪措施，会是怎样的下场。到2100年，海水将把大块土地完全埋在水下。届时荷兰大约有一半的地方海拔不足1米。即使是如今建起的那些海堤也无法完全阻挡海水。然而这个国家可是以海洋战士著称，不可能让大海抢去一丝地盘。荷兰有世界上最先进的应对计划，主张用自然之力战胜大海。例如，他们用"沙引擎"——0.8千米长的条状沙子——支撑沙丘以阻挡海水。预计到2030年左右，这些沙子将在海风和洋流的作用下沿着海岸传播9.6千米，从而形成了一道天然屏障。海洋战士，加油！

---

① 荷兰（the Netherlands），nether译为"低洼的"。
　　——译者注

尼罗河三角洲
（Nile Delta）

"噗"的一声消失了

尼罗河河口的土地或许永远不会在大火中化为灰烬，但千真万确的是这片土地正在不断沉入水底，这也不是第一次了。

关于……
尼罗河三角洲

位置：埃及沿岸，地中海边缘。

人口：埃及人口的2/3，约为5900万人。

面积：25 900平方千米。

海拔：大部分地区的海平面低于1米，有些甚至更低。

到2100年，海平面上升可能会影响：至少610万人。

应对计划："适"和"迁"。

尼罗河三角洲特色：传说失落已久的"埃及艳后"克利奥帕特拉（Cleopatra）七世之墓位于西部边缘某处。

尼罗河三角洲位于埃及沿岸，与地中海相接。

现在 ⚓

尼罗河三角洲就在我们眼皮子底下慢慢消失。海水拍打着海岸，一寸一寸地将三角洲蚕食殆尽。在尼罗河三角洲部分地区，海水每年侵蚀内陆土地100米之深。当地人表示，一些原本生长在陆地上的树木现已淹没在齐膝的水中。海水在尼罗河谷中蔓延得越来越深，吞噬了宝贵的农田。而正是这些农田养活了当地5000万居民，也正是这片土地孕育了长达5000多年的文明。

沉没之城

深海潜水员已在尼罗河三角洲的海底发现了狮身人面像等雕像和克利奥帕特拉（Cleopatra）女王的宫殿。这些古代遗迹是如何沉入海底的仍是一个神秘的谜团，但这也警醒着我们，地球并不安分，时刻都在变化。公元前331年，骁勇的亚历山大大帝在埃及海岸建立了亚历山大城，当时没人能料到埃及海岸正在慢慢下沉。公元365年，一场地震袭击了这座城市，海啸紧随其后滚滚而来，海水和船只冲撞向民房。随后又发生了多次地震，古亚历山大港下的地壳颤动不已。久而久之，这座城市便慢慢沉入了海中。

快进到未来 ⏩

2100年，尼罗河三角洲大部分地区将不复存在。三角洲正在慢慢下沉；大部分土地几乎和海平面一样高。除了近海的砂带，三角洲和海水之间坦坦荡荡，没有任何阻挡。科学家们认为，如果海平面再上升1米，海水就会冲毁沙带，淹没897 000个足球场大小的农田，致使600多万人流离失所。海水还会渗入淡水湖和地下水，戕害淡水鱼，污染饮用水。而那里有8800多万张嘴正嗷嗷待哺，未来势必会是一场恶战。对许多人来说，逃亡可能是唯一的生存之道。

马尔代夫
（Maldives）

会不会被水淹没

你能想到海拔最低的国家是哪里？想必没有比马尔代夫更合适的答案了。马尔代夫是地球上最平坦的国家，连一座山都没有。也就是说海平面上升时，当地人完全无处可去。

关于······
马尔代夫

位置：印度洋。

人口：393 253人。

面积：298平方千米。

海拔：最低点位于印度洋，海拔为0。

到2100年，海平面上升可能会影响：179 000人。

应对计划：搬迁到高处。

马尔代夫特色：总统和内阁成员戴着水肺举行水下会议。

马尔代夫群岛处于印度洋，由约1190个珊瑚岛分布组成。

向世界求救

作为一个濒临淹没的国家，应该如何向世界发送求救信号？2009年，马尔代夫政府在水下召开内阁会议，内阁成员要求世界各国对所有岛国给予援助，帮助减少碳排放。

马尔代夫前总统穆罕默德·纳希德（Mohamed Nasheed）主持召开水下内阁会议，以一种戏谑又严肃的方式展现了岛国的未来，呼吁各国采取行动应对全球变暖问题。

⚓ 现在

棕榈树在白色沙滩上悠然摇曳，清澈的海水热情地拍打着海岸，如此诗情画意，让马尔代夫成为热门景点。而这个岛国同样也是海平面上升的热点地区，80%的土地高于海平面不到1米。即使是现在，每年的洪季也影响马尔代夫90多个岛屿上的居民。

⏩ 快进到未来

早在2008年，马尔代夫政府就开始着手为购买土地做准备。这样一来，即便海水冲破最后一道防线，当地近40万人也能有一处容身之地。科学家预测，2100年之前，马尔代夫可能会完全被水淹没。当地岛民为保护家园采取了一系列措施，如保护地下水资源，收集雨水，抬高新建筑高度等。

濒临淹没的岛屿

马尔代夫并不是海平面上升的唯一受害者。右面这些都是"濒危岛屿"，许多国家的人民都居住在此。

太平洋	大西洋	印度洋	波斯湾
☒ 马绍尔群岛	☒ 巴哈马群岛	☒ 马尔代夫	☒ 巴林
☒ 基里巴斯	☒ 佛得角	☒ 塞舌尔	
☒ 图瓦卢	☒ 特立尼达和多巴哥		
☒ 瑙鲁			

孟买
（Mumbai）
洪水之城

这里只要一下雨就会发大水！在雨季，只需一场大雨就能把印度孟买所有城市街道淹没在齐腰深的水里。如今全球平均气温不断攀升，海平面也不断上升，这座繁华都市变得更加阴郁潮湿。洪水会不会如插图中那样淹没孟买港口涌入印度门①呢？

① "印度门"正对孟买湾，是印度的门面和标志性建筑，高26米，外形酷似法国的凯旋门，是为纪念乔治五世和皇后玛丽的访印之行而建，现为孟买的门面，用于接待重要的宾客，为印度重要旅游景点之一。——译者注

关于……

孟买

位置：印度西海岸，紧邻阿拉伯海。

人口：约2000万人。

面积：603平方千米。

海拔：最低点勉强高于海平面。

到2100年，海平面上升可能会影响：

如果碳排放减少不力，全球气温上升4℃，那么将会影响约1100万人。

应对计划："适"。

无价之宝：神象岛的"石窟之城"留有古代岩石艺术。

孟买是印度最大的城市，地势低洼，深入阿拉伯海，水位一旦上涨很容易被波及。

在孟买部分地区，走路比开车更快。不过这座城市拥堵的交通并没有阻碍人口快速增长。

⚓ 现在

孟买可能不是地球上最潮湿的地方，不过也相差不多了。①这座城市几乎每年都会被暴雨淹没。七月和八月雨量最多，只需两三场大雨就能达到一整年一半的降水量，足以淹没整个街道。而雨水根本无处可去。城市的大部分地区高度位于暴风雨的高潮面以下，城市的排水沟、溪流、池塘等早已被海水抢占，雨水根本无处可去。

其次，这座城市建在七个岛屿上，原本雨水可以流入岛屿之间的沼泽和小溪。而随着城市的发展，孟买成为岛屿城市，这些沼泽和小溪早已被填平，合并成了一个大岛。桥梁连接着孟买与印度内陆，但海水也不断为这座城市打上霸道的"水印"，这里的海岸线退缩得比全球平均水平都要快。

---

① 玛坞西卢（Mawsynram）是印度的一个小山村，以地球上最潮湿的地方闻名，年降雨量为世界之最，孟买的湿度与它相差无几。2017年孟买为一场洪水所淹没，这场洪水也是历史上最大的一场洪水。

▶▶ 快进到未来

孟买大部分地区勉强高于海平面，而且三面环海。最近，当地运动人士倡导居民关注海平面上升问题，思考这一切会对"印度门"（见左图）这举世闻名的海滨旅游景点带来怎样的影响。一想到这座26米高的石门会被海水淹没，运动人士便决心提高公众的关注度，呼吁人们对此进行探讨。运动人士们想象中的场面早已不是天方夜谭，研究表明，未来海水将永久淹没孟买的大部分地区，极端降雨的情况也会因此增加，而极端降雨又势必会引发洪水，从而产生恶性循环，摧毁家园，威胁生命。而且海水中的盐会影响高层建筑的稳定性。因此，孟买正在寻找方法挽救这个城市。

埃勒凡塔石窟（Elephanta Caves）

没有人知道是谁在孟买海岸外神象岛的岩石上雕刻了这座"洞穴之城"，又是谁雕刻了洞穴里的巨型雕像。其中一座雕像刻画了印度教神湿婆的三副面孔——分别为创造者、保护者和破坏者。考古学家认为洞穴中的雕像诞生于公元500—600年。而这些洞穴只是九牛一毛，全球还有约130处世界遗产同样面临着海平面上升的威胁。它们是艺术、建筑和自然的壮丽瑰宝，如果洪水将其淹没，必然会把它们从人类文明中完全抹去，我们可能会永远失去参观与研究的机会。

亲临埃勒凡塔石窟中的这座三头石雕，你可能会感到自己渺小如蝼蚁。这座雕像足足有6米高！

广州

下游三角洲地带

在海平面上升面前，世界上没有哪个城市比中国广东省广州市损失更惨重。广州圆大厦看起来如同一枚超大的中国古代钱币，但其实它是一座现代化的办公大楼。如插图所示，随着海水高涨，广州圆大厦会成为下一个被沉没的建筑吗？

关于……

广州

位置：中国南部沿海地区。

人口：约1400万人。

面积：7 434平方千米。

海拔：珠江三角洲13%的地区位于海平面以下，此外大部分地区海拔低于1米。到2100年，海平面上升可能会影响：1000多万人。

应对计划："阻"和"适"。

无价之宝："城市之肺"——白云山。

广州位于中国南部的珠江三角洲。

白云山绿树成荫，每天能吸收2800吨二氧化碳，放出2100吨氧气。

广州圆大厦是这里的标志性建筑。设计时借鉴了圆形宝玉的形状，而玉在古代是象征好运的护身符。

⚓ 现在

广州位于珠江三角洲，三江交汇之处。珠江三角洲13%的地区位于海平面以下，其余大部分海拔不足1米。这样一来，上升的海平面便显得更加咄咄逼人。2008年，一场猛烈风暴席卷了当地的海滩。从此海水便一直腐蚀着这片白色的沙滩，如今已侵入约10米之深，且势头丝毫不减。小片的海滩目前已完全消失，当地人甚至声称海水正以肉眼可见的速度上涨，也许是因为这里海平面上升的速度是全球平均水平的2倍多。

▶▶ 快进到未来

论海平面上升带来的损失，在广州面前任何地方都只能是小巫见大巫。根据世界银行的数据，所有主要沿海城市没有一个会像广州这样损失惨重。广州地势低洼，周边地区有许多出口工厂易受洪水影响。尽管目前的堤坝能保护该地区，但如果海水一味上涨，堤坝也会不堪重负。事实上，堤坝的存在吸引了更多的人和企业涌入其中，反而会增加风险。如果堤坝只是一味地加高，得不到合理的维护，那么区域中百姓处境会更加危险。海洋灾害每年给该地区造成的损失已超10亿美元。随着海平面上升，洪水将进一步影响数百万居民。世界银行预测，到2050年，海平面上升将使广州每年损失175亿美元。不过积极的一面在于，所有这些关于经济损失和自然灾害的讨论相当于给中国敲响警钟。如今中国正在采取积极措施减少碳排放，开发更加绿色环保的能源，并就应对海平面上升做出合理的规划。

广州横跨珠江，珠江最终汇入南海。这座六车道的跨江大桥将城市的各个社区连接在一起。

命运的沉浮

如果城市会开口说话，广州可能会说："大海一直对我非常非常好。"这座城市不断扩张，成为中国最富有的地区之一。公园里的塑料滑梯、你妹妹的玩具消防车、你冬天穿的夹克很可能都是在广州或中国其他地方制造的。广州不仅是各种玩具和商品制造厂的所在地，而且地处海边，可以轻松地将这些商品出口到世界各地。然而祸福相倚，命运的眷顾可能下一秒就摇身一变，成为咄咄逼人的洪水猛兽。讽刺的是，货物的长途运输恰好也是碳排放的一大来源，加速了海平面的上升。

孟加拉国
（Bangladesh）

时间之窗

如果你想知道海平面上升之后的未来会是如何，不妨看看下面这张图。在孟加拉国首都达卡，这条从前繁忙不已的十字路口冷清地漂浮着一尊巨大的睡莲雕像，没有了以往那些挤破街道的汽车和公交车，只剩下浩浩荡荡的海水。如果继续往南走，到达人口密集的恒河三角洲，不需要任何照片你就能想象出未来的模样，天地之间只剩下苍茫的海水。

孟加拉国

孟加拉国如三明治一般夹在印度和缅甸之间，
并与孟加拉湾接壤。

位置：南亚孟加拉湾沿岸。

人口：超过1.56亿人。

面积：130 170平方千米。

海拔：孟加拉国近1/4的土地海拔不到2.1米。

到2100年，海平面上升可能会影响：500多万人。

应对计划："适"。

无价之宝：孟加拉国拥有2/3的孙德尔本斯国家公园（Sundarbans National Park）。孙德尔本斯国家公园有着世界上面积最大的红树林，这里生活着濒临灭绝的孟加拉虎。

生活在水边的居民面对日益上升的海平面不得不向内陆迁移，搬到孟加拉国首都达卡。但暴雨、泛滥的河水及风暴潮引发的洪水也会祸及这座大城市。

⚓ 现在

在恒河三角洲，随处都可以看到海岸线被海水侵蚀的痕迹，更不用说那些被海水冲垮的建筑物了，甚至连长在河里的棕榈树都被海水连根拔起，曾经苍翠的田野如今被海水蒙上一层白色的海盐。海水还污染了淡水，使农田变得贫瘠。其危害远不止于此，孟加拉国地势低洼，经常被海水淹没，与未来海平面上升带来的影响类似。研究表明，孟加拉国海平面上升的速度比全球平均水平快10倍。

▶▶ 快进到未来

孟加拉国处于海平面上升的快车道上。这个国家的大部分地区位于低洼的恒河三角洲。随着陆地的沉降，三角洲自然也随之下沉，从而加剧海平面上升的程度。其次，孟加拉国也采取了一些防洪措施，如修建海堤和着力排水等，这些反而加剧了三角洲下沉，增加了海平面上升的风险。孟加拉国的气候科学家和该国政府认为，如果全世界的碳排放继续增长，到2050年，海洋将覆盖当地近1/5的土地，1800万人会因此流离失所。届时孟加拉国便会拥挤不堪，许多人无处可去。一项研究预测，到2100年，孟加拉国的海平面可能会比全球平均水平高出4倍。难怪孟加拉国不断呼吁世界各国大幅削减碳排放，还建立了洪水预警系统和混凝土避难所，并研究在盐水中种植作物的方法，为洪水冲毁农田的那一天做准备。

极端冲突

尽管全世界的碳排放只有极少一部分来自孟加拉国，但这个国家却为此付出了极其惨痛的代价。即使各位可能不是最高法院的法官，也完全可以判断出这是极为不公平的。而孟加拉国也并非个例，许多其他国家也陷入了同样的极端危险之中，如玻利维亚、马尔代夫、马绍尔群岛和基里巴斯，在此仅举几例。其中大多数都是不太富裕的发展中国家。与碳排放量极高的发达国家不同，这些国家负担不起昂贵的环保项目和发明创造，因此也无法弥补碳排放带来的后果。这也就是为什么需要全世界共同努力，减少碳排放，应对海平面上升问题。如果你想知道自己能做些什么力所能及的事，可以参阅52页。

床垫漂流看似有趣，但洪涝灾害和海平面上升对孟加拉国的伤害可不是闹着玩的。

马绍尔群岛
（Marshall islands）

要……消失了？

岛屿之所以被称为岛屿，是因为被水包围着，对吧？所以海平面上升对低洼岛屿的威胁最大。马绍尔群岛由沙子和珊瑚组成，海水正以肉眼可见的破坏力冲击这片海岛，逐渐将其淹没在海水中。

⚓ 现在

受到信风[①]的影响，马绍尔群岛的海平面上升速度比地球上任何地方都要快。过去30年，海平面弹跳式上升约0.3米，大约是从你脚踝到膝盖的距离。海平面上升的破坏式痕迹随处可见，海浪将为防水而建的海堤冲得摇摇欲坠，还时常得寸进尺地涌上街道，淹没居民住宅。如今马绍尔群岛的潮水越涨越高。

---

① 信风（trade wind，又称贸易风）指的是在低空从副热带高气压带吹向赤道低气压带的风。信风在赤道两边的低层大气中，北半球吹东北风，南半球吹东南风。

关于……
马绍尔群岛

位置：太平洋。

人口：72 191人。

面积：181平方千米。

海拔：大多数岛屿海拔
不足1.8米。

到2100年，海平面上升
可能会影响：44 000人。

应对计划："适"和
"迁"。

无价之宝：世界上最大
的鲨鱼保护区。

北太平洋

朗格拉普

沃特　利基埃普　　　梅吉特

乌贾　　夸贾林　　沃特杰

拉埃　　　　　　　马洛埃拉普

里布　　纳木　　奥尔

埃林拉普拉普　贾普坦　阿尔诺

　　　马朱罗　米利

纳莫里克　贾卢伊特

吉利

埃崩

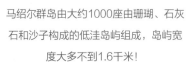

马绍尔群岛由大约1000座由珊瑚、石灰
石和沙子构成的低洼岛屿组成，岛屿宽
度大多不到1.6千米！

海面波涛汹涌时，
事情就复杂起来……

……且变得一发不可收拾。马绍尔人正奋起反击，他们
重建海堤，将汹涌的洪水挡在街道和房屋之外，并筹集
资金为适应气候变化发起相关项目，如在地面以上几英
尺的地方建造房屋和城镇，建设处理厂净化被海水污染
的淡水。许多马绍尔人正移居美国，与其他受到海平面
上升威胁的地区不同，马绍尔群岛与美国有着长期的军
事联系，因此未来情况恶劣时马绍尔人可以移居美国。

▶▶ 快进到未来

马绍尔群岛的居民不需要占卜水晶
球就能预见自己的未来，有人表示
感觉自己已经生活在水下。虽然目
前全球平均气温仅上升2℃，海平
面仅上升0.3～1.2米，但要想拯救
马绍尔群岛却也可能为时已晚。一
些科学家认为，海平面会不断上
涨，最终将整个国家从世界地图上
抹去。

基里巴斯
（Kiribati）

曾经有35个岛屿……

你是否曾经处于过这样一种境地——没有他人帮助便寸步难行，任人宰割？这就是基里巴斯的领导人对海平面上升的看法。他们把这个岛国称作"最脆弱的国家之一"。

⚓ 现在

如今基里巴斯只剩下33座岛屿。1999年，海水淹没了另外两座。幸运的是，这些岛上并没有人居住。但其余的21个岛就没有这么幸运了，尤其是南塔瓦拉岛（South Tawara）（见上图），这座首都岛屿上挤满了全国几乎一半的人口。基里巴斯大部分地区海拔不足2米，这就是这个国家如此不堪一击的原因。埃塔村（Village of Eita）等部分地区的居民的房屋勉强高于海平面。洪水对于他们来说早已不是陌生的事，在2011年，潮水上涨淹没了埃塔村的所有房屋，村民们只能靠游泳出行。

⏩ 快进到未来

如果全球海平面如预计中的那样上升1~2米，那么基里巴斯大部分地区将被淹没。科学家们认为，等到你长大成人，有了和你现在年纪差不多大的孩子时，基里巴斯南部将再也无法住人。如今岛民将沙袋堆在海堤上，种植红树林来抵御海水。但大海仍旧滚滚而来，冲垮沙袋，淹没房屋、土壤和水井。因此这个岛国在邻近的斐济（Fiji）租借了土地，好让百姓有地方可去。

岛上的生命还能延续吗？

部分科学家认为，海平面上升并不会置基里巴斯于死地。这个国家的大多数岛屿都位于珊瑚礁之上。珊瑚这种生物不仅可以生长、移动、改变形状，甚至还可以对环境变化做出反应。在暴风雨期间，海浪将沙子冲刷到基里巴斯的内陆地区。这些沙子一般由小块的珊瑚壳覆盖着，长此以往珊瑚礁便会发展成为珊瑚岛。因此一些科学家认为基里巴斯最后可能会以珊瑚岛的形式露出海面。但是珊瑚非常敏感，海平面上升的前提是全球变暖，而过高的温度会杀死珊瑚。所以基里巴斯最终可能还是会被海水淹没。结果究竟如何，我们也只能拭目以待！

基里巴斯

基里巴斯大致位于夏威夷和澳大利亚的中间。这个小岛国是世界上海洋面积最大的国家之一。

位置：太平洋。

人口：105 711人。

面积：811平方千米。

海拔：最低点海拔为0。到2100年，海平面上升可能会影响：71 000人。

应对计划：搬迁到海拔较高的地方。

无价之宝：基里巴斯语中，"海洋"（Marawa）、"天空"（Karawa）、"土地"（Tarawa）三个词是押韵的，且基里巴斯语中有个单词（Aba）既指"人"也指"地"，寓意百姓和土地是不可分割的整体。

南极洲

未知因素

体积庞大！质量巨大！南极洲拥有地球上最大的冰盖。就像纸牌游戏中的一个万能牌，完全是个未知因素——你不知道它是否或何时会出现，但它一旦出现，就会彻底动摇游戏规则。因为冰盖一旦融化，全球海平面就会不断上升。接下来就来理解一下这一未知因素吧。

关于……
南极洲

位置：南极，"世界尽头"。

人口：29个国家的研究人员会不定时暂住在此。

面积：1400万平方千米。

海拔：部分地区海拔为0。

到2100年，海平面上升可能会影响：当地并没有常住居民，所以不好说。

应对计划："迁"和"适"。

无价之宝：本特利冰河下沟谷（Bentley Subglacial Trench）——地球上已知的冰层的最低点，也是未被海洋覆盖的最低点。

这里有世界上最大的冰盖，覆盖了南极洲98%的地区。

⚓ 现在

南极洲就像一个巨大的冰柜。这片大陆不仅被厚厚的冰层覆盖，而且还是地球上最严寒、最干燥、风力最强劲的地方。难怪除了暂住的研究人员，便没有人在此居住了。南极洲的冰原蕴藏着海量冰冻状态的水，一旦全部融化，足以使全球海平面上升55～60米。相当于30个NBA球员从头到脚的平均高度。好消息是，南极洲不太可能全部同时融化。然而，早在1995年，科学家们已经开始认为全球气温上升后可能会融化"冰架"——冰原超出南极洲海岸浮在海水中的那部分。

▶▶ 快进到未来

2015年，一块巨型冰块从松岛冰架上断裂脱落，面积与美国芝加哥一般大。由于它本身已经浮在水面上，所以融化时并没有使海平面上升。但科学家们留意到了一些奇怪的细节，冰架并非从边缘开始破裂，而是先从内部破裂。科学家们查看卫星照片后，在松岛冰架上发现一条裂缝，形成于三年前，位于冰架底部，距离边缘有32千米。后来这条裂缝不断向上延伸，最终使芝加哥大小的冰块从冰架主体上脱落。之所以会形成类似的裂缝，是由于温暖的海水流入冰架以下的海底峡谷时融化了冰腹。科学家们预测松岛冰架大概率会坍塌，最终来自南极西部冰盖的冰也将滑入海洋。冰架就像一个瓶塞，一旦坍塌，后面的冰就可以不受阻碍地流出来。科学家们表示，松岛冰架在我们有生之年极有可能坍塌，最终会使海平面上升近3米，淹没世界各地的沿海城市，如纽约、伦敦和悉尼等。

冰——万能牌

全球海平面上升由气候变化引起，因此很难进行人为预测。特别是目前南极洲的冰盖还在不断融化，其中的冰可以自由移动，以各种意想不到的方式分崩离析。科学家们目前不太了解冰盖融化的规律，不知道随着全球气温飙升，冰盖会以多快的速度融化到怎样的程度，也不知道哪些条件会使大块冰层崩塌、滑入海洋。所以谁也不知道南极洲和格陵兰岛的冰盖在未来80年左右的时间里将对海平面上升起到怎样的影响。南极洲的冰盖蕴藏着如此多冰冻状态下的水，毋庸置疑它拥有着随时破坏"游戏规则"的能力。这张万能牌是不是很神通广大？

你能做些什么

2015年，世界各国领导人达成一致，通过将全球变暖的幅度控制在2℃以下，来遏制全球变暖，阻止海平面上升。不过即便如此，也不足以拯救马绍尔群岛、马尔代夫等地势低洼的岛屿，以及孟加拉国的红树林地区。因此，后来又将变暖幅度修改为1.5℃。这一提议听起来不错，但美中不足的是，各国领导人暂未提出明确的计划。作为公民，我们有责任督促自己的国家遵守这项协议，为减少碳排放尽一份绵薄之力。以下10件事可供你参考。

1 **敢于发声**

表达自己的顾虑，提出你希望世界各国能采取哪些措施来减少碳排放，从而阻止全球变暖以及海平面上升。不妨与朋友、家人、邻居一起探讨，如果有机会，还可以让地方政府乃至国家领导人听到你的声音。

2 **少用，重复使用，回收再利用**

你听过这个口诀吧？不妨付诸行动吧。这样可以减少制造新商品时消耗的能源，从而减少碳排放。

3 **杜绝滥用能源**

离开房间时随手关灯，这是人人皆知的美德。除此之外，你家是否已经用小巧的荧光灯或LED灯取代白炽灯了呢？是否养成习惯洗衣服时用冷水或温水而不用热水呢？洗完的衣服是否自然晾干而不用烘干机呢？

4 **用水时做个"小气鬼"**

抽水、处理、加热都会消耗大量能源。使用的水越少，消耗的能源就越少，排放的二氧化碳也就越少。不要让水龙头滴水，刷牙时先暂时关掉水龙头，洗盘子或衣服时不要一直使用流水。

5 **用绿色能源，做环保之人**

如果有条件的话，请选择太阳能、风能等可再生能源，如果当地的电力公司不给你选择的机会，请主动要求，甚至软磨硬泡，直到他们妥协。

7 步行、骑车、滑板或划船

用人力代替油、电等能源有助于遏制海平面上升。美国和加拿大第二大碳排放来源是汽车、卡车、公共汽车、飞机、火车等交通工具。所以下次想开车兜风时，不妨活动活动双脚，选择更加环保的出行方式。

8 购买本地食品和商品

购买本地种植的食物相当于缩短了食物从农场到你嘴巴的距离，这样一来运输食物过程中汽车、卡车、飞机和火车产生的碳排放量就会随之减少。购买本地制造的衣服、自行车、家具和其他商品等也以同样的方式减少碳排放。

6 随手关机，拔插头

关机只是第一步。电子游戏手柄、手机充电器和MP3播放器关机后似乎已经进入休眠状态，但其实仍在耗电。不用时记得随手拔下插头，切断电源，也算是为阻止海平面上升出一份力。

BURP!

9 少吃肉类

生产肉类制品和奶制品前的牲畜养殖步骤比生产其他食物消耗更多的能量。更重要的是，牛放屁打嗝时会释放甲烷气体，难免会加剧全球变暖。

10 做小科学家

观察大海的动态，汇报所留意到的情况。如今，科学家们希望普通百姓能留心自家后院和社区，并汇报海平面上升以及全球变暖为当地的海洋状况带来了怎样的变化。具体的参与方法可在网上获取。请铭记，只有时刻获取最新动态，才能快人一步，随机应变。

词汇表

适应（adaptation）
指调整（一系列）行为以与环境变化相适合的现象。

人类世（anthropocene）
源自希腊语中"人类"（anthropo）和"新"（cene）这两个词，用来描述人类历史上前所未有的新时代，在这个时期，人类活动成为影响地球环境和气候的主要力量。

手工艺品（artifact）
即以手工生产的工艺美术品，如工具、武器、珠宝，通常有历史或文化价值。

大气（atmosphere）
地球周围薄薄的一层气体，吸收来自太阳的热量。地球上的一切生命都离不开大气。

湾（bay）
岸向陆地凹入的地方。

基岩（bedrock）
土地之下的坚硬岩石。

碳（carbon）
存在于宇宙中的一种物质，是恒星、行星和所有生物的基本组成元素。

二氧化碳（CO_2，carbon dioxide）
一种无色、无味的气体，由含有一个碳原子和两个氧原子的分子组成。

碳排放（carbon emissions）
煤、石油和天然气燃烧产生能量时，会将二氧化碳等温室气体释放到大气中。

气候（climate）
对某地区天气长期状况的预期，如冬季凌寒多雪，夏天炎热干燥等。

气候变化（climate change）
某地区的长期天气状况发生变化，如温度升高或降雨量增加。

三角洲（delta）
河流中沙子、淤泥、黏土和砾石在河口处沉积形成的土地：通常位于河流分叉处，形状类似三角形。

堤坝（dike）
由泥土或石头砌成的长墙或堤岸，用于阻止大海或河流的洪水。

碳循环（The carbon cycle）
看看碳如何为地球上的生命提供"燃料"

1. 碳存在于空气中，是二氧化碳（CO_2）的一部分。二氧化碳是地球周围大气中的一种气体。

2. 植物"吸入"CO_2，"呼出"氧气（O_2），并用CO_2、水和阳光来制造糖类，称为碳水化合物。这些碳水化合物含有植物生长和生存所需的能量。

3. 包括人类在内的动物吸入O_2，呼出CO_2。动物也会吃植物和/或其他动物，并将这些动植物体内的碳水化合物作为生长和生存所需的能量。

4. 动植物死亡后在地下分解。经过数百万年，地球的热量和压力将其变成碳氢化合物，如石油、天然气和煤，也就是所谓的化石燃料。

5. 化石燃料用来做什么呢？猜对了——提供能源！我们将化石燃料用于照明、开车、取暖。燃烧化石燃料会释放CO_2，不断积累，使大气加厚。于是大气层就会从太阳那里吸收更多的热量，地球的温度也会进一步升高。时间一长，将会改变世界各地的气候。

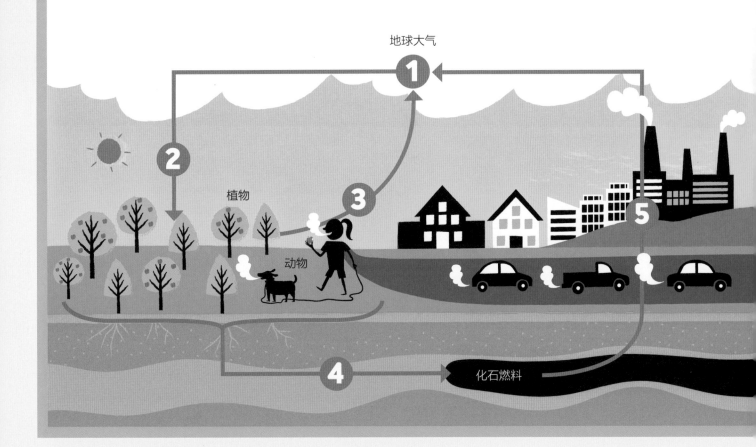

地球大气
植物
动物
化石燃料

词汇表

无人机（drone）
遥控飞行器，有时也有照相功能；一些无人机可以自己进行飞行等操作。

生态系统（ecosystem）
环境中共存的所有生物，如植物和动物。

化石燃料（fossil fuel）
如煤、石油或天然气，很久很久以前由生物遗骸形成。

冰川（glacier）
由积雪形成、缓慢移动的较厚冰体或冰河。

全球变暖（global warming）
地球平均温度持续上升的现象。

更环保的/更绿色的（greener）
指对环境更加友好。

墨西哥湾流（Gulf Steam）
来自墨西哥湾的暖流，流经北美东海岸，穿过大西洋，最终到达欧洲西北部。

高潮（high tide）
指涨潮时的最高水位。海水的周期性涨落称为潮汐。

高水位线（high-water mark）
涨潮时海平面的最高高度。

冰河时代（Ice Age）
地球历史上的一个时期，那时冰原覆盖了地球表面的大片区域。

冰原（ice cap）
面积小于5万平方千米的冰层，例如地球南北两极。

冰盖（ice sheet）
面积长期大于5万平方千米的冰层。

冰架（ice shelf）
冰盖（大陆冰川）向海洋的延伸部分。

原住民族（Indigenous peoples）
自"远古时代"以来世代居住本地的人。

洋流（ocean current）
如河流般的大型水体，通过海洋从一处流至另一处。

可再生资源（renewable）
不断自我更新或自我补充的资源，如风能、水能或太阳能。

沙丘（sand dune）
海岸附近或沙漠中风化形成的小山。

海平面（sea level）
指海面的高度。

海平面上升（sea level rise，SLR）
指海面上升的现象。

海堤（seawall）
为阻止海水涌入陆地而建造的墙或堤。

模拟（simulation）
对真实世界中流程或系统的运行进行模仿。

斯芬克斯狮身人面像（Sphinx）
古埃及狮身人面的雕像。

信风（trade winds）
赤道附近海面上稳定从东到西吹的风。

蒸汽（vapor）
即水蒸气，水的气体形式。

水（H_2O，water）
无色无味的液体，由含有两个氢原子和一个氧原子的分子组成。

翻到下一页了解一下水循环吧！

天气（weather）
温度、降雨、风和其他大气环境中即时出现的情况。

世界银行（World Bank）
一家向世界各国提供贷款以帮助发展和重建的国际银行。

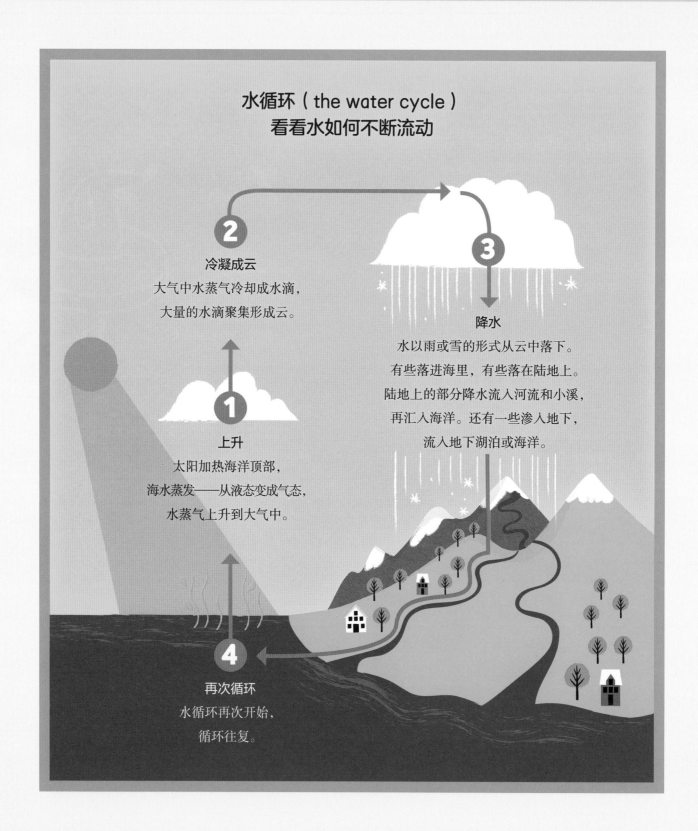

水循环（the water cycle）
看看水如何不断流动

2 冷凝成云
大气中水蒸气冷却成水滴，
大量的水滴聚集形成云。

3 降水
水以雨或雪的形式从云中落下。
有些落进海里，有些落在陆地上。
陆地上的部分降水流入河流和小溪，
再汇入海洋。还有一些渗入地下，
流入地下湖泊或海洋。

1 上升
太阳加热海洋顶部，
海水蒸发——从液态变成气态，
水蒸气上升到大气中。

4 再次循环
水循环再次开始，
循环往复。